QUESTIONS
RÉPONSES

6/8 ans

Les arts martiaux

écrit par **Lauren Robertson**
traduit par **Marie-Line Hillairet** et **Nicolas Blot**

Nathan

Édition originale parue sous le titre :
My Best Book of Martial Arts
© Macmillan Children's Books 2002,
une division de Macmillan Publishers Ltd., Londres
avec le concours de Picthall & Gunzi
Illustrations : Roger Stewart

Pour l'édition française :
© 2001, 2008 Éditions Nathan, Paris
© 2011 NATHAN pour la présente édition
Conseiller technique : Pierre-Yves Bénoliel
rédacteur en chef du magazine Ceinture noire
Réalisation : Archipel studio
Coordination : Véronique Herbold,
avec la collaboration d'Aurélie Abah
N° éditeur : 10173556
ISBN : 978-2-09-253265-2
Dépôt légal : octobre 2011
Conforme à la loi n° 49-956 du 16 juillet 1949
sur les publications destinées à la jeunesse.

Imprimé en Chine

LES QUESTIONS DU LIVRE

D'où viennent les arts martiaux ?

Le tai-chi est une discipline « douce ».

Le karaté est une discipline « dure ».

Les arts martiaux actuels sont basés sur les anciennes techniques de combat de pays asiatiques comme la Chine et le Japon.
Les arts martiaux demandent un long apprentissage ; ils enseignent la maîtrise de soi et la discipline à ceux et celles qui les pratiquent.

Styles durs ou styles doux ?

Les arts martiaux sont souvent divisés en disciplines « dures » et « douces ». Les premières reposent sur la puissance, la rapidité et les coups de pied hauts, les secondes sur des mouvements lents et fluides.

Le professeur, ou maître, a beaucoup d'expérience.

Quelles sont leurs origines ?

Au Japon, il y a plus de sept cents ans, les samouraïs utilisaient l'art du sabre. En Chine, les moines du monastère de Shaolin apprenaient le kung-fu. À mesure que ces arts de combat étaient enseignés, d'autres styles firent leur apparition. Le kung-fu, l'un des arts martiaux les plus connus, a inspiré plusieurs disciplines récentes.

Les moines du monastère de Shaolin (Chine) entretenaient une excellente forme physique.

ATTENTION !
Les arts martiaux peuvent être dangereux. N'essayez pas d'exécuter les mouvements de ce livre sans avoir suivi de cours.

Élèves à l'entraînement dans un cours de karaté

Où dans le monde ?

De nombreux pays comme la Chine, la Corée, la Thaïlande, l'Inde et le Brésil ont leurs propres arts martiaux. On ne sait pas vraiment où et quand sont nés les différents styles d'arts martiaux. Certains, comme le sumo, sont apparus en Extrême-Orient il y a plus de 2 000 ans ; d'autres sont plus récents, comme le taekwondo né en Corée dans les années 1950. Aujourd'hui, dans le monde entier, des millions de personnes s'initient aux arts martiaux, tous styles confondus.

Le kung-fu (Chine), qui signifie « grande dextérité », est né au VIᵉ siècle. Il est aujourd'hui très répandu en Amérique et en Europe.

Brésil

La capoeira est née au Brésil au XVIIᵉ siècle.

Symbole du yin et du yang

Yin ou yang ?

En Chine, le symbole du yin et du yang sert à montrer que chaque chose a son contraire ; par exemple, le noir est le contraire du blanc. Dans les arts martiaux, ce symbole nous dit qu'il faut utiliser la force comme la douceur.

Le sumo, sport national du Japon, est apparu il y a plus de 2 000 ans.

Le kendo (Japon), qui signifie « la voie du sabre », est né au XIVe siècle.

Le karaté (Japon), qui signifie « la main vide », est né au XVIIe siècle.

Japon

Chine

Corée

Île d'Okinawa

Inde

Afrique

Thaïlande

Philippines

Indonésie

Le judo (Japon), qui signifie « la voie de la souplesse », est apparu au XIXe siècle.

Le taekwondo (Corée), qui signifie « la voie du pied et du poing », est apparu au XXe siècle.

Le kalaripayat, qui signifie « entraînement au combat », a vu le jour dans l'Inde ancienne.

La boxe thaï, sport national de Thaïlande, est apparue au XVIIe siècle.

L'escrima (Philippines), qui signifie « escarmouche », a vu le jour au XVIe siècle.

Cette carte montre où sont nés certains arts martiaux dans le monde.

Quelle ceinture pour quel niveau ?

Chaque art martial a son équipement, mais beaucoup de pratiquants portent une tenue blanche en coton pour s'entraîner. Les élèves gagnent des ceintures de différentes couleurs à mesure de leurs progrès. Une ceinture, de couleur différente pour chaque art, correspond à un niveau donné.

Ceinture blanche pour les débutants

Ceintures jaune et verte à partir d'un niveau propre à chaque art

Ceintures marron et noire à partir d'un niveau très élevé

Quelle tenue ?

Les élèves portent une tenue blanche appelée gi, composée d'un pantalon ample et d'une veste en coton. Pour maintenir la veste, ils nouent une ceinture colorée autour de la taille. Les filles portent un tee-shirt blanc sous la veste.

Les élèves s'étirent mutuellement avant d'accomplir les mouvements.

Les élèves pratiquent un art martial pieds nus de manière à ne pas glisser.

Faut-il s'échauffer ?

Oui, avant de pratiquer tout exercice physique, il est conseillé d'effectuer quelques étirements afin d'échauffer les muscles et de les préparer à accomplir des mouvements plus difficiles, tels que les coups de pied hauts et les coups de poing.

Cet étirement de la jambe est propre aux élèves de taekwondo avant de porter des coups de pied hauts.

Les sauts en extension sont un excellent moyen de s'échauffer avant un cours de judo.

Les relevés de buste en torsion permettent de renforcer les muscles.

Pourquoi s'entraîner ?

Les pratiquants d'un art martial doivent être en bonne condition physique. Les élèves effectuent des exercices dynamiques comme des sauts et des abdominaux (ici, des relevés de buste en torsion), ainsi que des étirements doux. Ces exercices permettent de préparer les muscles aux mouvements des arts martiaux. Ils servent également à acquérir de la force.

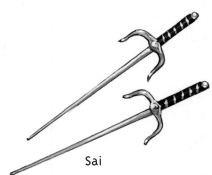

Sai

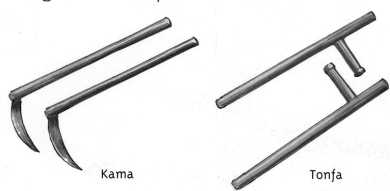

Kama

Tonfa

Utilise-t-on des armes ?

Certains arts martiaux utilisent des armes. Le kobudo ressemble au karaté, mais avec le maniement d'armes de combat comme le bo, le sai, le kama, le tonfa et le jo. Ces dernières étaient employées au Japon il y a plusieurs siècles. Aujourd'hui, elles servent uniquement à l'entraînement.

Bo

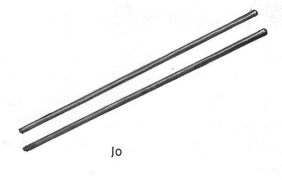

Jo

9

D'où vient le karaté ?

Le karaté est originaire de l'île d'Okinawa au Japon. Au XVIe siècle, les armes n'étaient pas autorisées sur Okinawa mais les bandits s'en servaient pour attaquer et dépouiller les habitants de l'île. Ceux-ci mirent alors au point une technique de lutte utilisant les mouvements des arts martiaux. Comme cet art martial se pratique sans arme, il est appelé karaté, un mot qui signifie « main vide ».

Les karatékas apprennent à tenir en équilibre sur une jambe.

Les pratiquants de karaté sont appelés karatékas.

Qu'apprend-on en premier ?

Une des premières choses à apprendre est le blocage d'une attaque. Cet élève expérimenté utilise son bras pour bloquer le coup de pied de son adversaire.

Pieds ou poings ?

Le karaté utilise les bras et les jambes pour porter les coups. Les coups de pied sont hauts et puissants ; ils servent à se défendre et non à blesser l'adversaire. Le garçon de gauche porte un rapide coup de pied circulaire.

Comment bloquer une attaque ?

En karaté shotokan, qui est un style de karaté, pour bloquer une attaque, on peut saisir le poignet de l'attaquant et le tordre pour le déséquilibrer et le projeter à terre. Le but est de maîtriser son adversaire sans le blesser.

On tient la main de l'attaquant jusqu'à l'abandon de celui-ci.

Comment se donnent les coups de poing ?

Au karaté, un coup de poing se donne la main fermée, pouce à l'extérieur, car s'il est à l'intérieur, il risque de se casser. Les élèves ne se cognent pas fort. Le mouvement se termine lorsque le poing touche l'adversaire.

À quoi peut servir le tranchant de la main ?

Un des gestes de karaté les plus connus est appelé « sabre externe de la main », car on utilise le tranchant de la main pour porter un coup puissant. Ce mouvement sert à bloquer une attaque. Il peut aussi être utilisé par des maîtres pour casser du bois ou des briques.

Qu'est-ce que le jiu-jitsu ?

Le jiu-jitsu est l'un des plus anciens arts martiaux japonais. Le mot signifie « art de la souplesse » bien que le jiu-jitsu fasse appel à de nombreux mouvements tels que coups de poing et de pied, projections, clés et corps à corps. Cet art martial, utilisé au Japon il y a plus de sept siècles par les samouraïs et d'impitoyables assassins appelés ninjas, est aujourd'hui pratiqué comme un sport de loisir et d'autodéfense.

L'attaquant pratique une clé en appuyant sur l'articulation de l'épaule.

Les mouvements de clés du jiu-jitsu sont appelés « clés d'articulations ». L'élève appuie sur une articulation de son adversaire, comme celle de l'épaule ou du poignet, puis oblige celui-ci à s'agenouiller au sol ou sur le tapis.

À quoi sert le hojo jutsu ?

C'est l'art de ligoter avec une corde (hojo). C'est un art martial qui ne se pratique qu'au Japon et était surtout réservé aux soldats et aux officiers de police qui s'en servaient pour attacher leurs prisonniers.

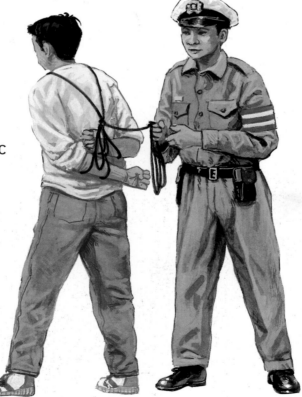

Ce policier japonais utilise une corde pour maîtriser un délinquant.

Le hojo se tient d'une manière particulière.

Ninja sautant
d'un arbre
pour surprendre
un cavalier

Un ninja peut-il
se rendre invisible ?

Les ninjas utilisaient divers
arts martiaux dont le ninjutsu,
ou « art de la furtivité ». Ils
réussissaient si bien à se cacher
que les gens les croyaient
capables de se rendre invisibles.

Où est né le judo ?

Le judo signifie « voie de la souplesse » ; inspiré du jiu-jitsu, il est né au Japon en 1882. Les personnes qui pratiquent le judo sont appelées judokas. Elles utilisent des mouvements de corps à corps pour se projeter mutuellement sur un tapis appelé tatami. Pratiqué par des millions de gens, le judo est l'un des arts martiaux les plus populaires.

Avant de débuter un combat, les judokas se saluent. Lors d'une compétition, ils saluent également les juges.

Le judo est-il un sport olympique ?

Le judo, l'un des premiers arts martiaux enseignés aux femmes, est devenu un sport olympique en 1964. Lors d'un tournoi, appelé shiai, un judoka marque des points s'il maintient son adversaire au tapis pendant trente secondes.

Comment débutent les mouvements ?

Au début de chaque mouvement de judo, les adversaires se tiennent debout face à face. Les deux judokas se saisissent mutuellement le « gi » en serrant fort et utilisent ensuite leurs jambes, leurs bras et leur corps pour se déséquilibrer.

Position des mains pour la saisie

ATTENTION !
Vous ne pouvez pas apprendre les arts martiaux par vous-même. N'essayez pas d'exécuter ces mouvements avant d'avoir suivi quelques cours.

Les hanches tournent rapidement.

Les genoux fléchissent.

Comment réaliser la « grande bascule de hanche » ?

❶ L'attaquante avance en posant le pied droit. Elle tourne ensuite rapidement et place sa hanche devant le corps de son adversaire tout en ployant les genoux.

L'adversaire est soulevé du sol.

❷ L'attaquante est maintenant face à son adversaire. Elle raidit les jambes, penche le buste et exerce une poussée de la hanche pour soulever son adversaire. D'un seul mouvement, elle le fait pivoter sur la hanche tout en basculant vers l'avant.

L'attaquante maintient les pieds au sol.

L'attaquante veille à ne pas abîmer le poignet de son adversaire.

❸ L'attaquante projette son adversaire au sol. Elle lui tient le poignet jusqu'à ce qu'il abandonne, mais veille à ne pas le blesser (l'attaquant relâche son adversaire dès que celui-ci indique son abandon). Elle peut le maintenir au sol jusqu'à ce qu'il déclare forfait.

Comment immobilise-t-on ?

Dès que l'un des judokas a projeté son adversaire au sol, il l'immobilise par des prises de judo spécifiques. Pour réaliser ce contrôle de travers, ou première immobilisation, l'attaquant écarte les jambes et se plaque sur le buste de son adversaire tout en passant le bras sous sa tête.

L'attaquant immobilise son adversaire jusqu'à ce qu'il abandonne.

Élève apprenant à faire une chute arrière

Les deux bras sont tendus en avant.

Les jambes sont projetées vers le haut.

Quand son dos touche le sol, l'élève replie le menton sur la poitrine pour empêcher la tête de heurter le sol.

Peut-on tomber sans se faire mal ?

Oui, les pratiquants d'arts martiaux apprennent très vite des techniques de chute. Beaucoup de mouvements sont effectués sur un tapis mou. Les élèves frappent le tapis des mains en tombant ; plus la frappe est forte, plus la chute est douce.

Les mains frappent le sol le plus fort possible.

Le kung-fu est-il né dans un monastère ?

Un pratiquant du kung-fu wing chun à l'exercice

Le kung-fu est l'un des arts martiaux les plus anciens. Ce sont les moines du monastère de Shaolin qui le perfectionnèrent, dans la Chine médiévale, avant de l'enseigner lors de voyages. Ils inventèrent de nouveaux mouvements, et d'autres styles de kung-fu apparurent ; il en existe maintenant des centaines.

Les élèves de kung-fu wing chun s'entraînent parfois sur un mannequin en bois afin d'exercer leur dextérité.

Des écoles de kung-fu enseignent la « danse du lion ». Les personnes revêtent des costumes de couleur vive et exécutent des pas de danse qui ressemblent aux mouvements du kung-fu.

Quel kung-fu a inventé Bruce Lee ?

Il existe des styles de kung-fu « doux » et « durs ». L'acteur Bruce Lee a créé un style dur appelé jeet kune do, qui signifie « la voie du poing qui intercepte ». Il a ajouté au kung-fu des techniques issues d'autres arts martiaux. Le tai-chi est un style de kung-fu doux. Un des styles de kung-fu les plus répandus est le wing chun. Inventé en Chine il y a près de trois siècles, par une femme, il repose sur des mouvements lents et doux ainsi que sur de puissants coups de poing et de pied.

Kung-fu dragon ou kung-fu serpent ?

Le kung-fu s'inspire beaucoup des animaux, tels que le dragon, le tigre et le serpent. Les mouvements du kung-fu sont amples et rapides comme ceux du serpent ou puissants et gracieux comme ceux du tigre.

Position du style dragon

Étudiants en arts martiaux pratiquant des styles de kung-fu animaliers

Position du style serpent

Quand le kendo est-il apparu ?

Le kendo est apparu au Japon il y a plus de deux cents ans. Cette technique de combat au sabre était utilisée par les samouraïs et le mot kendo signifie « la voie du sabre ». Les samouraïs, les plus célèbres combattants au sabre de l'Histoire, utilisaient des sabres en acier. Aujourd'hui, les personnes qui pratiquent le kendo sont appelées kendokas. Elles utilisent des sabres en lamelles de bois ou de bambou et ne cherchent pas à se blesser. Le kendo est un sport qui apprend la patience, la coordination et l'autodiscipline.

Les Japonais fabriquent des sabres depuis plus de deux mille ans. Ces sabres en acier très dur sont réputés être les meilleurs du monde.

Qui étaient les samouraïs ?

Les samouraïs, ou bushi, étaient de valeureux guerriers qui menaient une vie très austère. Ils devaient être respectables, honorables et obéir à leur chef. Ils ont participé à de grandes batailles dans le Japon du Moyen Âge.

Samouraïs en costume d'époque s'exerçant au combat au sabre

Do

Men

Tare

Tenugui

Kote

Bokken

Kendoka
en tenue

Quelle tenue
pour le kendo ?

Pour se protéger, le kendoka
revêt une tenue spéciale. Le do
protège la poitrine et le tare
protège le ventre et les hanches.
Le tenugui se porte sous le men
qui protège la tête. Des gants
épais appelés kote protègent
les mains. Le kendoka utilise
des sabres en chêne appelés
bokken et d'autres en bambou
appelés shinai.

Outre les sabres
appelés katana,
les samouraïs
utilisaient divers
types de lances
ou yari.

21

Le taekwondo est-il un art martial récent ?

Le taekwondo ne porte son nom – qui signifie « voie du pied et du poing » – que depuis les années 1950. Mais c'est pourtant une technique de combat très ancienne en Corée. Elle ressemble à certains arts martiaux, comme le karaté. Le taekwondo utilise beaucoup de coups de pied hauts d'une grande puissance.

La planche en bois se brise sous l'effet du coup de pied.

Coup de pied marteau

Coup de pied latéral

Quels sont les coups de pied les plus puissants ?

Pour porter des coups de pied au taekwondo, les élèves doivent apprendre à tenir en équilibre sur une jambe. Le coup de pied marteau et le coup de pied latéral sont les coups les plus puissants : les élèves doivent apprendre au plus vite à les bloquer.

Élève expérimenté ayant acquis la ceinture noire

Coup du tranchant vers l'extérieur

Peut-on s'envoler ?

Quand il donne un coup de pied, l'élève saute très haut en décollant du sol et semble voler. Les élèves possédant la ceinture noire ainsi que les maîtres parviennent à casser une planche de bois avec ce type de coup de pied.

Coup de poing arrière

Un casque protège la tête.

Des chaussures protègent les pieds.

Des gants protègent les mains.

Coup de genou

Quelle tenue pour les combats ?

Lors des combats d'entraînement, les élèves portent un équipement spécial pour protéger leur tête, leurs mains et leurs pieds.

Donne-t-on seulement des coups de pied ?

Au taekwondo, les élèves apprennent aussi à donner des coups de la main, du bras et du genou. Ceux-ci servent en cas de self-défense.

Combien de temps durent les combats ?

Les pratiquants de boxe thaï, sport difficile et épuisant, sont en excellente condition physique. Chaque combat comprend cinq rounds de trois minutes. En Thaïlande, des garçons âgés de quatorze ans seulement disputent des matchs.

La boxe thaï est-elle un art martial ?

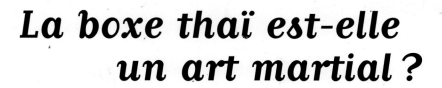

La boxe thaï est le sport national de Thaïlande. Sport de combat plus qu'art martial, elle est également appelée « muay thaï ». La boxe thaï ressemble à la boxe pratiquée en Occident, mais elle fait autant appel aux pieds, aux coudes et aux genoux qu'aux poings. Les boxeurs doivent être forts et capables d'administrer de puissants coups de pied et de poing.

Mongkon

Bracelets

Gants rembourrés

Nom du concurrent

Les pratiquants de boxe thaï combattent pieds nus.

Quel est l'équipement du boxeur thaï ?

Un boxeur thaï porte un équipement comprenant des brassards et un serre-tête appelé mongkon. Il porte aussi des gants rembourrés qui protègent les mains. Le nom du boxeur est imprimé en thaï sur le short.

De quand date le sumo ?

Le sumo est un art martial vieux de plus de 2 000 ans. C'est le sport national du Japon. Les sumotoris (lutteurs) sont des hommes d'une grande taille et très corpulents. Ils combattent sur un ring appelé dohyo. Les lutteurs doivent contraindre l'adversaire à sortir du ring ou lui faire toucher le sol avec n'importe quelle partie du corps autre que la plante des pieds.

Avant chaque match, les sumotoris jettent une poignée de sel au centre du ring. Ils pensent que ce rituel du sel leur évitera d'être blessés.

Hataki-komi

Ketaguri

Quelles sont les principales techniques de sumo ?

Le sumo autorise les bousculades, les croche-pieds et les projections. Le hataki-komi et le uttchari servent à pousser ou à projeter l'adversaire hors du ring. Pour le faire trébucher, les lutteurs utilisent le ketaguri. Les coups de poing et de pied ne sont pas autorisés.

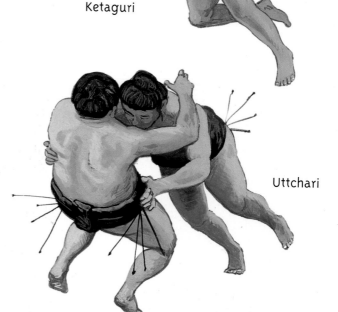

Uttchari

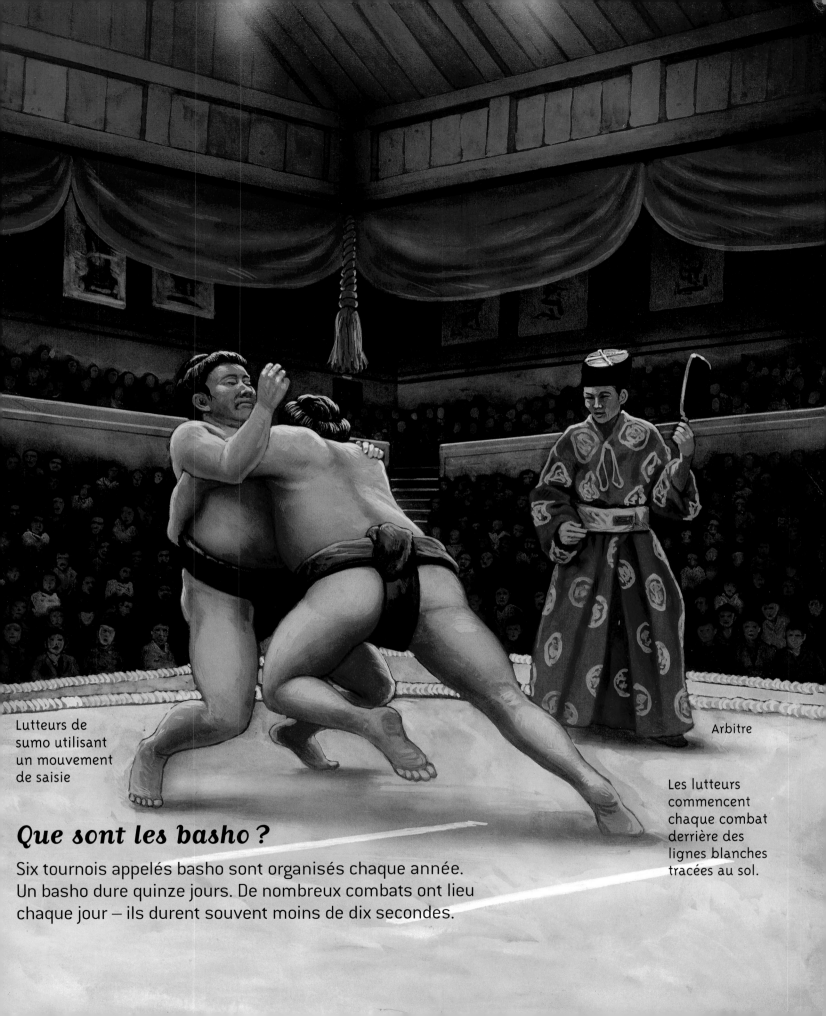

Lutteurs de sumo utilisant un mouvement de saisie

Arbitre

Les lutteurs commencent chaque combat derrière des lignes blanches tracées au sol.

Que sont les basho ?

Six tournois appelés basho sont organisés chaque année.
Un basho dure quinze jours. De nombreux combats ont lieu
chaque jour – ils durent souvent moins de dix secondes.

Existe-t-il d'autres arts martiaux ?

Il existe de nombreux autres arts martiaux. Certains, comme l'aïkido ou le tai-chi, sont très répandus, d'autres ne sont enseignés que dans quelques pays. Beaucoup d'arts martiaux ont commencé avec les mêmes mouvements de base ; de nouveaux mouvements se sont rajoutés quand ces arts ont été pratiqués dans d'autres pays.

Les arcs de kyudo sont plus grands que les archers eux-mêmes.

En aïkido, les élèves portent parfois une jupe longue et ample appelée hakama.

Un archer de kyudo bande son arc à la hauteur des épaules avant de lâcher la flèche.

L'art de la légitime défense ?

L'aïkido, né au xxᵉ siècle au Japon, signifie la « voie de la paix ». Il n'est pas enseigné pour vaincre un adversaire, mais pour contrer ses tentatives d'agression. L'aïkido utilise des mouvements de lutte doux et harmonieux.

Ballet ou art martial ?

Le kyudo (« voie de l'arc ») est l'un des plus anciens arts martiaux japonais. Les archers bandent leur arc et tirent leurs flèches selon une chorégraphie codifiée.

Gymnastique ou art martial ?

Le tai-chi est apparu en Chine au XIVe siècle. Son nom signifie « grand poing suprême » ; c'est un genre de kung-fu « doux » aux mouvements lents et réguliers. Cette gymnastique est censée maintenir les pratiquants en bonne santé. Le tai-chi est pratiqué dans de nombreux pays.

Les pratiquants du tai-chi pensent qu'ainsi ils vivront plus longtemps.

De nombreux mouvements de capoeira n'utilisent que les jambes, car les esclaves avaient souvent les mains liées.

La savate utilise des coups de pieds hauts ; les pratiquants doivent savoir garder leur équilibre.

Y a-t-il un art martial français ?

La savate est née en France au XIXe siècle. Elle utilise des coups de poing ainsi que des coups de pied hauts. Aujourd'hui, la savate est un sport populaire dans plusieurs pays d'Europe.

Les gants de savate ressemblent aux gants de boxe.

Danse ou art martial ?

Au XVIIe siècle, les esclaves africains du Brésil ont inventé la capoeira pour se défendre. Ils l'ont fait ressembler à une danse afin que leurs maîtres ne puissent rien suspecter.

29

Où voir les arts martiaux ?

Si tu souhaites apprendre un art martial, il existe certainement des cours dans ta région, ta ville ou ton quartier. Tu assisteras à des tournois, des démonstrations ou des représentations. Tu peux aussi regarder des films dans lesquels des acteurs vedettes comme Bruce Lee ou Jackie Chan pratiquent les arts martiaux.

Épreuve de taekwondo

Spectacle ou combat ?

Les moines du monastère de Shaolin parcourent le monde pour offrir des démonstrations de leur talent. On peut les voir réaliser des sauts époustouflants, casser des bûches ou des briques et exécuter des acrobaties dangereuses et variées. Les tournois de karaté et de kendo sont eux aussi passionnants. Le judo et le taekwondo sont des sports olympiques retransmis à la télévision.

Des représentations d'arts martiaux par les moines de Shaolin

Glossaire

Adversaire Personne qui combat une autre personne lors de la pratique d'un art martial ou d'un autre sport.

Bloquer Empêcher le coup de l'adversaire.

Clé de contrôle d'une articulation Immobilisation de l'adversaire en appuyant sur une de ses articulations. L'articulation – du genou ou du poignet, par exemple – est le point d'attache de deux os entre eux.

Corps à corps Mouvements d'arts martiaux dans lesquels deux personnes se tiennent très près l'une de l'autre et utilisent des clés, des prises et des projections.

Coup de pied latéral Au karaté, corps tourné de côté et pied projeté en avant.

Coup de pied marteau Coup de pied porté au taekwondo. Le pied est projeté au-dessus de la tête de l'adversaire avant de retomber tel un marteau.

Coup de pied sauté Au taekwondo, un coup de pied porté avec les deux pieds.

Discipline douce Art martial utilisant des mouvements lents et réguliers.

Discipline dure Art martial utilisant des coups de pieds rapides, hauts et puissants.

Gi Tenue en coton blanc portée pour pratiquer de nombreux arts martiaux.

Hojo jutsu Mouvement spécifique de jiu-jitsu utilisant une corde.

Judoka Personne pratiquant l'art du judo.

Karatéka Personne pratiquant l'art du karaté.

Kendo Art martial d'origine japonaise pratiqué avec un sabre fait de lamelles de bois ou de bambou.

Kendoka Personne pratiquant l'art du kendo.

Maître Personne pratiquant un art martial à très haut niveau.

Moines de Shaolin Moines chinois du monastère de Shaolin qui furent les premiers à pratiquer les arts martiaux, il y a 1 500 ans.

Ninja Espion du Japon ancien sachant se dissimuler et payé pour tuer d'autres personnes.

Prise Tout mouvement servant à immobiliser l'adversaire.

Sabre de la main Au karaté, coup puissant frappé avec le tranchant externe de la main, capable de casser une planche ou une brique.

Samouraï Guerrier du Japon du Moyen Âge combattant au sabre.

Souplesse Capacité à se pencher et à se plier.

Tir à l'arc Art de lancer des flèches au moyen d'un arc.

Index

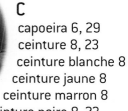